双龙探极

——开启南极考察新篇章

中国第36次南极考察纪实

夏立民　徐世杰　主编

海洋出版社

2021年·北京

图书在版编目(CIP)数据

双龙探极：开启南极考察新篇章　中国第36次南极
考察纪实 / 夏立民, 徐世杰主编. — 北京：海洋出版
社, 2020.12
　　ISBN 978-7-5210-0727-5

　　Ⅰ.①双… Ⅱ.①夏… ②徐… Ⅲ.①南极—科学考
察—中国—画册 Ⅳ.①N816.61-64

中国版本图书馆CIP数据核字(2021)第007845号

策划编辑：白　燕
责任编辑：王　溪
责任印制：赵麟苏

海洋出版社　出版发行
http://www.oceanpress.com.cn
北京市海淀区大慧寺路 8 号　　邮编：100081
廊坊一二○六印刷厂印刷　　新华书店北京发行所经销
2020年12月第1版　　2021年3月第1次印刷
开本：889mm×1194mm　　1／12　　印张：$19\frac{2}{3}$
字数：100千字　　定价：220.00 元

发行部：010-62132549　　邮购部：010-68038093　　总编室：010-62114335
海洋版图书印、装错误可随时退换

黄 嵘/摄

夏立民 / 摄

序　言

　　中国第 36 次南极考察是一次承前启后、续写辉煌的科考行动。中国自主建造的首艘极地考察破冰船"雪龙 2"号的入列，标志着我国正式迎来"双龙探极"新时代，极大地拓展了我国南极考察的区域，提高了极地科考效率。

　　中国第 36 次南极考察队自出发以来，在考察队临时党委的坚强领导下，取得了一系列阶段性成果。"雪龙 2"号首航南极，破冰和科考能力得到了有效验证，极大地提升了我国极地考察的硬实力，实现了我国极地考察现场保障和支撑能力的新跨越。"双龙"携手，踏破冰雪坎坷，顺利完成中山站物资卸运和站区环境整治工作，为南极环境管理的持续规范和考察活动的有序开展打下基础。考察队在阿蒙森海、宇航员海、南极半岛海域等开展多学科综合调查，大幅增加南极科学前沿和环境监测的数据样品积累，进一步提升国际社会对南极海洋生态系统以及气候变化影响的系统认知。

　　这些成绩的取得，离不开党中央、国务院领导的亲切关怀，离不开社会各界和全国人民的关注支持，更离不开全体考察队员的艰苦拼搏和无私奉献。希望广大极地工作者牢记习近平主席有关南极的重要指示精神，脚踏实地，再接再厉，深入探索地球奥秘、和平利用极地资源、有效保护极地环境，推进极地科考工作再上新的台阶。

Contents

目 录

唐 正 / 摄

Red Melody

红色旋律

李 航/摄

炙热红·考察概述

一次考察，一场战斗，一份硕果。

世界尽头，冰天雪地，赤子之心，万分炙热。

中国第 36 次南极考察队（以下简称"考察队"）以习近平新时代中国特色社会主义思想为指导，以习近平主席"认识南极、保护南极、利用南极"的指示为根本遵循。

考察队由来自自然资源部、中国科学院、高校和企业等 105 家单位的 394 人执行现场考察任务。考察队下设"雪龙"号综合队、"雪龙 2"号综合队、"雪龙"号大洋队、"雪龙 2"号大洋队、"雪龙"号船员队、"雪龙 2"号船员队、长城站队、中山站队、泰山站队、恩克斯堡岛新站建设队、固定翼飞机作业队和直升机作业队共 12 个站队，分阶段实施考察工作。

本次考察实施"雪龙"号和"雪龙 2"号（以下简称"两船"）"双龙探极"，尤其是"雪龙 2"号作为我国自主建造的极地科学考察破冰船首航南极，受到国人和世界的高度关注。"雪龙 2"号 2019 年 10 月 9 日自上海出发，抵达深圳参加海洋经济博览会后，于 10 月 15 日离开深圳，考察航线为：

上海—深圳—澳大利亚霍巴特—中山站—宇航员海—南非开普敦—长城站—恩克斯堡岛新站—澳大利亚霍巴特—迪蒙迪维尔海—上海，于 2020 年 4 月 23 日回到上海国内基地码头，历时 198 天，总航程 35 000 余海里。

"雪龙"号于 2019 年 10 月 22 日从上海出发，考察航线为：上海—澳大利亚霍巴特—中山站—澳大利亚霍巴特—恩克斯堡岛新站—阿蒙森海—恩克斯堡岛新站—中山站—迪蒙迪维尔海—上海，于 2020 年 4 月 23 日返回上海，历时 185 天，总航程 36 000 余海里。

"雪鹰 601"固定翼飞机 2019 年 10 月 15 日出发，于 2019 年 10 月 28 日抵达南极中山站，实施后勤运输和科考测线飞行，总里程近 50 000 海里，总时长近 300 小时。2020 年 3 月 4 日撤离中山站，总历时 141 个工作日。

内陆雪地车队往返中山站—泰山站，历时 67 天。

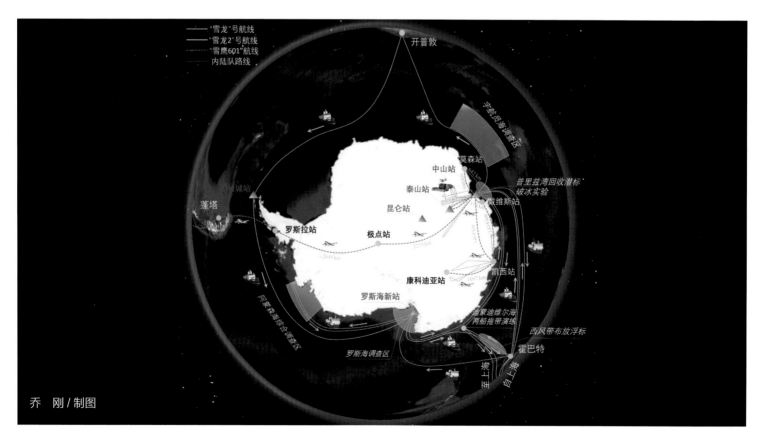

乔 刚 / 制图

对视　丁锦锋 / 摄

2019 年 10 月 9 日，"雪龙 2"号从上海出发

2019 年 10 月 13—14 日，"雪龙 2"号参加深圳海博会活动

2019 年 10 月 15 日，"雪龙 2"号从深圳启航

2019 年 10 月 29 日，"雪龙"号穿越赤道

2019 年 11 月 4—7 日，"雪龙 2"号首次停靠霍巴特港，11 月 7 日下午驶离

2019 年 11 月 7 日，"雪龙"号停靠澳大利亚霍巴特港，双龙首次会合，2019 年 11 月 9 日上午驶离

2019 年 11 月 26 日，"雪龙 2"号开展破冰试验

2019 年 12 月 3 日至 2020 年 1 月 8 日，"雪龙 2"号开展宇航员海综合调查

2019 年 12 月 6 日，第 35 次、第 36 次中山站越冬队队次交接

2019 年 10 月 22 日，"雪龙"号从上海启航

2019 年 10 月 24 日，"雪龙 2"号穿越赤道抵达南半球

2019 年 10 月 28 日，"雪鹰 601"抵达中山站

2019 年 11 月 18 日，双龙驶入南极圈

2019 年 11 月 20 日，双龙抵达中山站固定冰外缘，"雪龙 2"号破冰开道

2019 年 11 月 22 日至 12 月 3 日，考察队开展中山站第一阶段卸货作业，卸运物资 1 582 吨

2019 年首批长城站度夏队员抵达南极

2019 年 12 月 8 日，"雪龙"号驶离中山站，前往澳大利亚霍巴特港

2019 年 12 月 10 日，泰山站队出发前往内陆；第 35 次、第 36 次长城站越冬队队次交接

2019年12月22—24日，"雪龙"号第二次停靠霍巴特港

2019年12月15日，泰山站队抵达泰山站

2020年1月1日，"雪龙"号抵达罗斯海恩克斯堡岛区域

2020年1月24日，"雪龙"号穿越冰区，首次进入阿蒙森海冰间湖

2020年2月7—14日，"雪龙2"号开展长城站卸货

2020年2月12日，协助新西兰在阿代尔角南极考察遗址进行修建物资转运

2020年3月4日，"雪龙"号前往中山站，"雪龙2"号前往霍巴特港

2020年3月9—12日，"雪龙2"号第二次停靠澳大利亚霍巴特港

2020年3月11日，"雪龙"号再次抵达中山站，开展度夏人员撤离，中山站转入越冬考察

2020年3月18日，双龙会合，前往浮冰区避风，期间完成拖带演习、工作组登船

2020 年 1 月 4—5 日，"雪龙"号开展罗斯海综合调查

2020 年 1 月 10—24 日，"雪龙"号开展阿蒙森海综合调查

2020 年 1 月 20—22 日，"雪龙 2"号首次停靠南非开普敦港

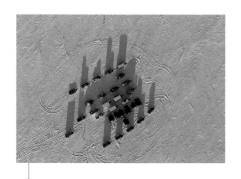

2020 年 2 月 15 日，泰山站队返回出发基地

2020 年 2 月 16 日，"雪鹰 601"撤离中山站

2020 年 2 月 25 日，双龙会合，开展人员转运

2020 年 3 月 30 日至 4 月 2 日，双龙伴航安全穿越西风带

2020 年 4 月 2 日，"雪龙 2"号成功布放西风带大浮标

2020 年 4 月 12 日，双龙穿越赤道，返回北半球

2020 年 4 月 23 日，双龙抵达上海

中国红·祖国关怀

"我和我的祖国，一刻也不能分割。
不论我走到哪里，都流出一首赞歌。"

左登胜 / 摄

　　2019年10月14日下午，自然资源部党组书记、部长陆昊，部党组成员、国家海洋局局长王宏一行来到深圳蛇口邮轮母港码头，登上即将首航南极、执行中国第36次南极考察任务的极地科学考察破冰船"雪龙2"号调研和慰问。

"雪龙 2"号在深圳参加 2019 中国海洋经济博览会及其首航南极仪式。

李铁源 / 摄

王哲超 / 摄

　　2019 年 10 月 22 日，"雪龙"号从上海中国极地科考基地向南极出发，码头上举行了热烈的欢送仪式。

2020年1月24日,农历除夕当天,中央广播电视总台新闻频道播出了中山站和固定翼飞机队队员向全国人民拜年的视频。

"雪龙"号向祖国人民送上新年祝福　　赵　宁 / 摄

初心红·党建活动

不忘初心，牢记使命。

党建促业务，谱写新篇章。

中国第 36 次南极科学考察是贯彻党的十九届四中全会精神和落实"不忘初心，牢记使命"主题教育实践活动的一次重要考察活动。在自然资源部党组的正确领导下，在国家海洋局极地考察办公室和中国极地研究中心精心组织和全力保障下，中国第 36 次南极考察队临时党委（以下简称"临时党委"）团结和带领全体考察队员，坚持以习近平新时代中国特色社会主义思想为指导，深入学习贯彻党的十九大和十九届四中全会精神，树牢"四个意识"，坚定"四个自信"，坚决做到"两个维护"，增强使命感与责任感。

本次考察的一项重要任务就是"雪龙 2"号破冰船首航南极，党和人民对此寄予很高的期望，习近平总书记在元旦贺词中提到"'雪龙 2'号首航南极"，全体考察队员在激动之余，也深知自己所肩负的责任重大。临时党委带领全体考察队员充分发扬"爱国、求实、创新、拼搏"的南极精神，牢固树立安全红线、纪律红线和任务红线意识，不忘初心，牢记使命。在全体队员的共同努力下，统筹谋划、履职尽责、团结协作、锐意创新，形成了党建工作和考察业务"两手抓、两不误、两促进"的良好局面，按照考察总体工作方案，顺利圆满地完成了本次南极考察工作。

"雪龙 2"号综合临时党支部组织全体党员学习第十九届四中全会精神　　　曹叔楠 / 摄

"雪龙"号学习习总书记在"不忘初心 牢记使命"主题教育总结大会上的讲话精神

赵　宁 / 摄

本航次，我国极地考察"双龙探极"的格局已经形成。在新形势下，我们将以习近平新时代中国特色社会主义思想为指导，坚持党的领导，加强政治建设，以党建促业务，以《中国共产党支部工作条例》为工作规范，不断提高党建质量，加强党支部的战斗堡垒作用，在极地工作中不断创造佳绩，为人类认识南极、保护南极、利用南极谱写新的篇章！

新站建设队正在学习　　李　杰/摄

长城站学习习近平总书记在"不忘初心、牢记使命"主题教育总结大会上的重要讲话精神　　魏　力/摄

"雪龙"号中心组学习党章　　赵　宁/摄

固定翼飞机队全体队员在认真学习　　曹　涛 / 摄

"雪龙 2"号党支部在中山站附近海冰上组织开展主题党日活动　　黄　嵘 / 摄

各考察站与考察船认真倾听习近平总书记 2020 年新年贺词。

刘诗平 / 摄

2020 年的第一天，各考察站和考察船举行庄严的升国旗仪式，五星红旗飘扬在南极大陆和海域。

赵 宁 / 摄

李 航 / 摄

王蒙光 / 摄

魏 力 / 摄　　　　李 航 / 摄

李 航 / 摄

赵 宁 / 摄

■ 友谊红·国际交流

"若知四海皆兄弟，何处相逢非故人。"

积极参与国际合作，深化国际业务往来。

本次考察广泛开展国际合作交流活动，执行与美国、英国、俄罗斯、澳大利亚、新西兰和葡萄牙等10余个国家的国际合作科学调查项目。

恩克斯堡岛新站、泰山站先后接待了来自澳大利亚、美国南极考察团的巡视，两站均展示出良好的站区管理和规范的环保措施，赢得了考察团的认可，提升了中国南极考察站的国际形象。

考察队先后对中山站附近的俄罗斯进步站、印度巴拉提站，长城站附近的巴西费拉兹站、乌拉圭阿蒂加斯站，罗斯海区域韩国张保皋站、意大利马里奥·祖切利站进行访问。

"雪龙2"号靠港期间，考察队先后接待澳大利亚南极局、霍巴特港务局、中国驻澳总领馆、南非开普敦环境部、中国驻南非总领馆的工作人员登船参观，开展友好交流，参加塔斯马尼亚州州长的欢迎活动。

"雪龙"号协助新西兰在阿代尔角南极考察遗址进行修建物资转运。

长城站继续加强与周边智利空军费雷站、智利海军菲尔德斯站、智利南极研究所埃斯库德罗站、智利机场马尔什站、俄罗斯别林斯高晋站、乌拉圭阿蒂加斯站、韩国世宗王站、阿根廷卡里尼站的合作交流，开展了科考、补给、基建、医疗等领域的互助。

中山站继续加强与周边俄罗斯进步站、印度巴拉提站和澳大利亚戴维斯站的合作交流，开展科考、医疗、机械、交通等领域协作。

"雪鹰601"固定翼飞机作业队继续保持与周边考察站的航空领域协调，QPQ国际合作飞行20次起降，累计70.5小时。

当地时间2019年11月5日21时15分，首次抵达澳大利亚的"雪龙2"号接受塔斯马尼亚州州长威尔·霍奇曼赠送礼物。图为考察队领队夏立民向威尔·霍奇曼回赠"雪龙2"号船模　刘诗平／摄

访问新西兰斯科特站　　谌陈晨 / 摄

访问俄罗斯进步站　　赵　宁 / 摄

访问美国麦克默多站　　赵　宁 / 摄

访问韩国世宗王站　　魏　力 / 摄

访问澳大利亚戴维斯站　赵　宁／摄

访问意大利马里奥·祖切利站　赵　宁／摄

访问韩国张保皋站　　赵　宁 / 摄

中澳航空遥感合作项目　　李　航 / 摄

泰山站接待澳大利亚考察团　　任　山／摄

中新合作阿代尔角遗址修复工作　　赵　宁／摄

恩克斯堡岛新站接待澳大利亚考察团　　李　杰 / 摄

恩克斯堡岛新站接待美国考察团　　吕冬翔 / 摄

黄文涛 / 摄

李　航 / 摄

李　航 / 摄

　　2020 年 1 月 17 日，拉斯曼丘陵地区举办了首届国际学术交流会议（International Conference of Antarctica Research，ICAR）。会议英文名称缩写取四国名称首字母（India、China、Australia 和 Russia）。

Blue Chapter
蓝色篇章

李　航 / 摄

蓝色，深邃，神圣。
蓝色，是大海与天空的颜色。

碧海蓝 · 双龙探极

冰海之中，"双龙"出极。

我们的征途，是星辰与大海。

"双龙探极"开启我国极地考察"新时代"

　　"双龙探极"是我国继首次南极考察实施"双船作业"之后，时隔30多年再次实施"双船作业"出征南极，也是两艘极地科考破冰船首次组成编队赴南极开展科学考察，标志着今后我国同时有两艘极地科考破冰船在南北极工作将成为一种新常态，在考察领域、人员规模、考察深度和考察成果等方面对国际极地格局产生广泛深刻的影响。本次考察，两船在中山站附近海域，发挥各自特长，配合默契，"双龙"履行着各自的使命，保证了补给物资在距离中山站最近的陆缘冰区安全卸运。此外，"雪龙2"号在中山站卸货期间圆满完成了对船舶破冰能力性能验证的重要工作——破冰试验。

黄　嵘 / 摄

全面实施南大洋关键海区业务化观监测

第36次南极考察借助"双船作业"提供的考察条件，同时实施阿蒙森海和宇航员海调查工作。这也是我国首次全面实施南大洋关键海区业务化观监测，主要围绕气候变化，开展生物多样性、海洋酸化、微塑料、海底地形地貌、海冰变化、冰盖不稳定性等工作。依托"雪龙2"号，在宇航员海开展了物理、化学、生物、地质和地球物理综合调查。依托"雪龙"号，在阿蒙森海/罗斯海实施了物理、化学、生物、地质和地球物理综合调查。

黄 嵘/摄

双龙闯冰区　　陈君懿/摄

阿蒙森海调查

　　2020年1月1日至2月6日，依托"雪龙"号实施阿蒙森海－罗斯海调查，共完成9条断面58个站位的全深度、多学科综合调查以及3个区块的地球物理调查；布放深水潜标1套，完成35小时水下机器人试验，完成了3 540平方千米水深资料空白区的全覆盖海底地形勘测；首次进入阿蒙森海冰间湖区，完成12个站位的综合调查，发现了阿蒙森海冰间湖为侧纹南极鱼产卵场和育幼场。

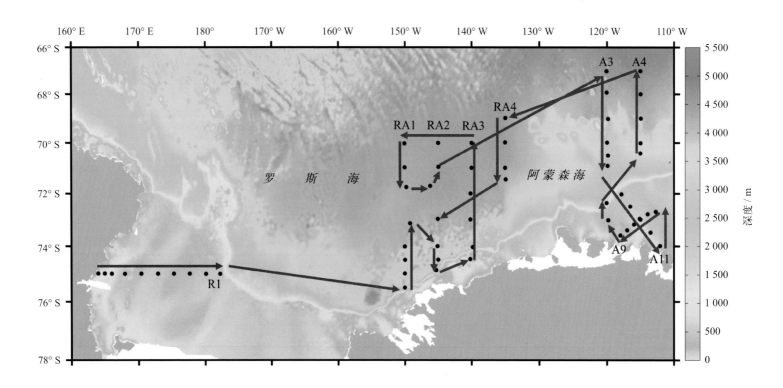

"雪龙"号阿蒙森海－罗斯海调查路线图　　郭桂军/制图

CTD 回收　　郭桂军 / 摄

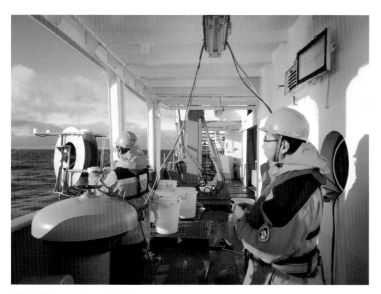

湍流观测　　赵　健 / 摄

浮游生物拖网　　郭桂军 / 摄

抛弃式温盐深仪布放　　夏寅月 / 摄　　　　　　　　箱式沉积物回收　　张舒怡 / 摄

海洋磁力仪作业　　袁　园 / 摄

磷虾拖网　　刘　阳 / 摄

鱼类样品预处理　　张　弛 / 摄

RA4-7 站位捕获 1.5 米长科达乌贼　　张　弛 / 摄

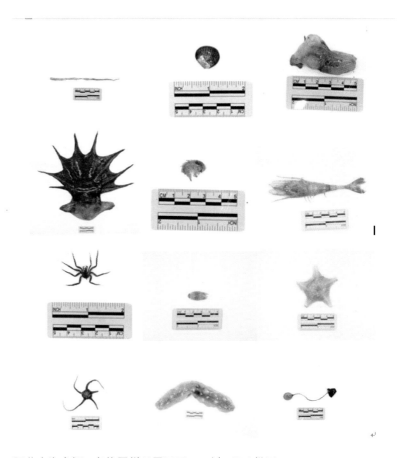

阿蒙森海底栖三角拖网样品展示图　　刘　阳 / 供图

A11-1 站位渔获样品　　刘　阳 / 摄

水下机器人作业　　韩梅傲雪等／摄

赵　宁／摄

黄河艇作业　　赵亚明／摄

远眺　朱　兵／摄

轮机配电操作培训　周豪杰／摄

主机检修　周豪杰／摄

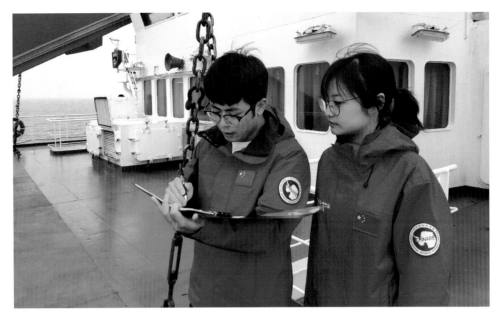

"雪龙"号气象保障工作

朱 兵／摄

坐诊　谌陈晨 / 摄

垃圾分类处理　缪　炜 / 供图

开饭啦　缪　炜 / 供图

救生演习　周豪杰 / 摄

"雪龙"雷达桅 POS 系统 GPS 天线信号检测　廖周鑫 / 摄

船基自动气象站传感器维修　廖周鑫 / 摄

宇航员海调查

依托"雪龙 2"号，在宇航员海开展了物理、化学、生物、地质和地球物理综合调查：完成 9 个断面 83 个站位的调查作业（综合站位 74 个），回收潜标 2 套、布放潜标 4 套，共获取温 / 盐 / 深剖面数据 77 组，采集了 15 类环境参数样 6 000 余份、12 大类生物样 5 000 余份；完成 29 个站位的磷虾拖网作业，获取样品 25 千克约 24 万尾，采集了其中 3 430 尾的基础生物学信息；首次获取南大洋 11 个站位中层鱼标本 286 尾；记录到鸟类 30 种近 3 万只，哺乳类 7 种约 845 头。采集 18.36 米长沉积物岩芯 1 支；完成多波束测线 2 042 千米、浅剖测线 220 千米。

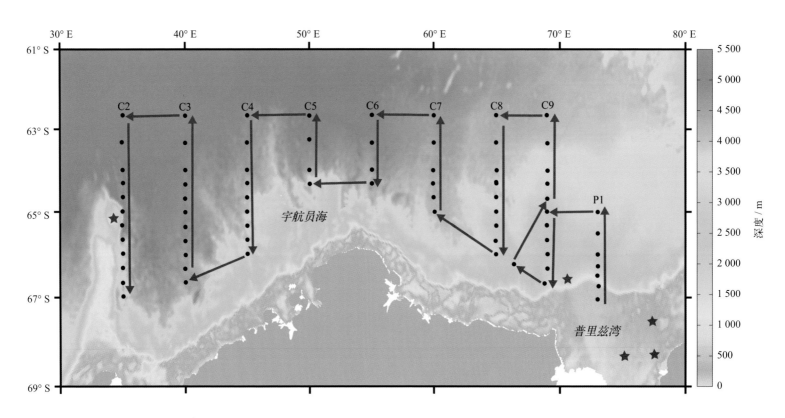

"雪龙 2"号宇航员海调查路线图　　郭桂军 / 制图

探月——"雪龙2"号月池作业　　左登胜/摄

"雪龙2"号月池采水　　陈　超/供图

沉积物捕获器布放　　何剑锋 / 摄　　　　　　西风带浮标布放　　夏立民 / 摄

沉积物捕获器布放　　曹叔楠 / 摄

潜标回收小艇作业　　曹叔楠 / 摄

"雪龙 2"号侧舷采水（内部）　　左登胜 / 摄

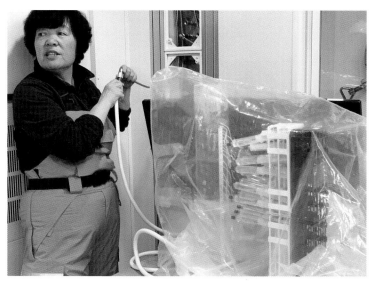

沉积物空隙水采集　　曹叔楠／摄

溶解氧现场滴定　　崔立刚／摄

"雪龙2"号侧舷采水　　陈　超／供图

C2-12站位舯部作业结束合影　　刘诗平／摄

"雪龙 2"号垂直网作业　陈清满 / 摄

2020 新年第一网　刘诗平 / 摄

长柱状沉积岩芯出水　　陈　超/摄

宇航员海底栖生物样品　　曹叔楠/摄

宇航员海中层渔网出水　　曹叔楠/摄

宇航员海艉部作业结束合影　　左登胜/摄

专注　崔立刚 / 摄

保养　唐兴文 / 摄

消防演习探火员　赵炎平 / 摄

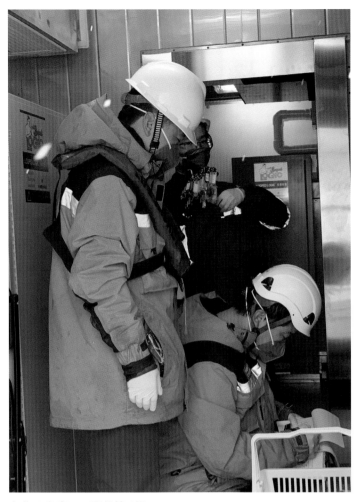

危化品出库　　曹叔楠 / 摄　　　　　　　　　　油漆防护　　苏　显 / 摄

齐心协力"打柱子"　　曹叔楠／摄

CTD 软件调试　　曹叔楠 / 摄

主柴油机检修　　唐兴文 / 摄

气象保障　　陈相明 / 摄

体检　　左登胜 / 摄

“雪龙 2”号破冰试验　　王庆凯等 / 供图

"雪龙"号、"雪龙2"号两船拖带演练

两船拖带演练——"雪龙2"号视角　　夏立民/摄

两船拖带演练——"雪龙"号视角　　李　航/摄

MASADA SWL 6.4t 2.7~9m
3.2t 2.7~14m

■ "雪龙"号、"雪龙2"号卸货保障

Ka-32 在"雪龙"船舷吊运物资   赵 宁 / 摄

海冰卸货   夏立民 / 摄

新站卸货   王哲超 / 摄

新站卸货作业　阮　飞 / 摄

等待直升机吊挂的油囊　程　皖 / 摄

"雪龙2"号释放小艇，长城站卸货　　黄　嵘 / 摄

长城站小艇卸货　黄　嵘／摄

"雪龙2"号小艇卸货　段国宝／摄

■ "雪龙"号、"雪龙 2"号过赤道活动

"雪龙"号过赤道活动合影   赵　宁／摄

"雪龙 2"号过赤道活动合影　　左登胜 / 摄

深邃蓝·雪鹰翱翔

鹰击长空，飞向深蓝。

空中保障，探索冰层之下的奥秘。

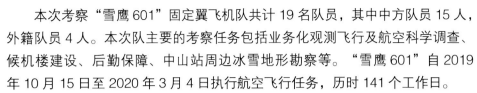

"雪鹰601"固定翼飞机

本次考察"雪鹰601"固定翼飞机队共计 19 名队员,其中中方队员 15 人,外籍队员 4 人。本次队主要的考察任务包括业务化观测飞行及航空科学调查、候机楼建设、后勤保障、中山站周边冰雪地形勘察等。"雪鹰601"自 2019 年 10 月 15 日至 2020 年 3 月 4 日执行航空飞行任务,历时 141 个工作日。

业务化观测飞行及航空科学调查方面,"雪鹰601"本次调查完成埃默里冰架区域 10 次测线飞行及 5 次国际合作航空科学调查飞行,科研飞行总里程 20 774 千米,总时长 71.7 小时,总体覆盖面积超过 80 万平方千米。利用机载航空冰雷达、航空重力仪、航空磁力仪、激光测高仪以及高清相机获得了大量综合性的航空地球物理数据,为南极环境研究和全球变化研究提供了数据积累。"雪鹰601"首次在 Dome C 区域执行航空科学调查,探索南极另一个地面海拔高点冰盖 – 基岩构造状况。

工程方面,执行候机楼建设任务。自 2019 年 12 月 2 日始,先后完成雪橇拼装、舱体拼装、密封处理、发电机组安装调试、室内外装修、接通水电暖等工作环节,并进行 1 周左右试运行,于 2020 年 1 月 21 日组织完成现场验收,并于 1 月 23 日将候机楼转运至我试验性建设机场场址。候机楼将成为未来我冰雪跑道机场的主建筑,可解决机场供电、生活、机场指挥、值班住宿等功能,并可为机场通讯、气象保障提供良好的平台,为后续我国自主运行冰雪跑道机场打下基础。

后勤及运行保障方面,执行"雪鹰601"常规运行保障任务及中山站周边冰雪地形勘察任务。后勤保障团队累计作业 106 天,其中机场值班 60 天,保障"雪鹰601"协调、保障完成 70 次季度起降任务,累计飞行时间达 299 小时,飞行里程达 48 134 海里。其中度夏科考 12 次起降,累计 60.9 小时,飞行里程 8 942 海里;国际合作飞行 20 次起降,累计 70.5 小时,飞行里程 10 633 海里;后勤飞行 16 次起降,累计 60.5 小时,飞行里程 9 864 海里。累计搭载乘客 156 人次,科研人员上机作业 55 人次,运输货物 6.6 吨。固定翼飞机队积极保持与周边考察站的航空领域协调,累计沟通往返邮件近千封,加深了与周边考察站航空领域的互通与合作。季末后勤团队参与机场预选址冰雪跑道试验性起降保障任务,首次使用雪犁技术维修跑道,首次使用全新专业装备进行航空气象保障,首次使用 ADSB 对飞机进行动态监控,为后续我国南极冰雪机场自主运行打下坚实基础。

中山站周边冰雪地形勘察团队在详细分析遥感数据的基础上,明确两个重点勘察区域,勘察团队现场多次召开专题会议,在考察队协调下,采用直升机和雪地车相结合等保障手段,先后 6 次前往目标区域,通过现场考察、钻取冰芯及测钻芯比重、无人机遥感勘测等方法,累计完成 1 次多光谱航拍观测,2 次可见光航拍观测,观测面积约 16 平方千米;累计钻冰芯 20 余钻,其中取样 15 钻;40 千米处点架设 1 台简易气象站。获取了翔实的冰雪地形资料,对中山站附近区域冰雪性质有了深入的了解。

李 航 / 摄

航空观测　李　航／摄

埃默里冰架航空调查　　李　航／摄

冰盖机场固定翼候机楼建设工程　　祝　标　侯昌伟／摄

"雪鹰601"起飞准备中　李　航/摄

保障人员正在为"雪鹰601"加注燃油　　李　航／摄

雪地车检修　　祝　标／摄

"雪鹰601"飞抵泰山站　　李　航/摄

"雪鹰601"运送意大利和法国队员　　祝　标/摄

"雪鹰601"在 Wilkins 蓝冰机场　　祝　标/摄

机组人员参加 Casey（澳）站 PQP 国际航空合作　　李　航/摄

中山站周边冰雪地形勘察　乔　刚／摄

"雪鹰601"与机场候机楼　　乔　刚/摄

固定翼新机场跑道　　乔　刚/摄

固定翼新机场首降合影　乔　刚／摄　　　　　　　　"雪鹰601"首次降落新机场　乔　刚／摄

本次考察，"雪鹰301"直升机、"雪鹰102"直升机、"海豚"直升机作业队优化飞行作业环节，完善《南极科考项目专项应急处置预案》，制订安全高效的飞行计划，坚守岗位、履职尽责，累计飞行65个飞行日，169小时50分钟396架次，运输物资1 200吨，运送人员1 505人次，圆满完成作业任务。

直升机作业队通过制定详细的安全预案，每日定期进行安全巡查，对航空器系留、绑扎进行检查，确保航渡期间航空器安全。作业期间，严把天气、飞机、人员三关，做到零差错，无不安全事件。

邵 申 / 摄

"雪鹰301"直升机在冰盖运送人员　李　航 / 摄

"雪鹰301"直升机

"雪鹰301"直升机（AW169）主要完成了航道探冰、科考人员上站参观、外站访问、两船人员及物资转运等任务。

"雪龙2"号飞行甲板上的"雪鹰301"直升机　刘海波/供图

"雪鹰102"直升机

"雪鹰 102"直升机（Ka-32）主要完成中山站及内陆出发基地吊挂卸货、罗斯海新站建设保障飞行、外事访问、阿代尔角中新国际合作吊挂卸货及人员运输。

吊运油囊　李　航 / 摄

吊挂作业中的"雪鹰102"直升机　　刘海波 / 供图

"海豚"直升机

　　"海豚"直升机（SA365）主要完成了 35 次队越冬人员和物资撤站、科考人员上站参观、外站访问、内陆考察队员通勤、固定翼飞机机场选址、36 次队度夏人员及物资撤站等任务。

"海豚"直升机保障冰盖通勤　　李　航 / 摄

"海豚"与极光　李　航/摄

"海豚"保障固定翼机场选址　崔祥斌/摄

雪中"海豚"　刘海波/供图

White Notes 白色音符

丁锦锋 / 摄

白色，纯净，明亮。

白色，是冰与雪的颜色，也是极昼的颜色。

朱玉白 · 印象长城

朱玉，东方神韵，古色古香。

在南极半岛的世界村里，长城站向世界展现着优美典雅的中国印象。

邵　晖/摄

第 36 次南极考察队长城站共有队员 52 名，其中度夏队员 38 人、越冬队员 14 人，考察队员分 5 批进站。度夏期间开展了 7 项业务化观测项目，3 项自然科学类项目，5 项极地战略和现场调研项目，1 项站区环境整治项目，2 项考察站维护项目。因受国内外疫情影响，取消了 2 项科考项目、5 项社科类项目、1 项后勤项目。

科学研究和业务化观测、监测方面，获取鱼类、植物、土壤和大气等样品共计 652 份；开展了子午工程极区空间环境监测设备安装场地及背景环境勘察；完成了气象、生物、生态、环境等多学科业务化观测；采集海水、湖水生物样 218 份、海水、土壤环境样 265 份；维护和调查植物样方 6 个；观测到鸟类 15 种、哺乳类 5 种；陆域遥感观测航飞面积约 4.9 平方千米，获影像 8 000 多张；开展了验潮站维护，完成北斗基准站观测天线、GNSS 接收机等设备的维护升级；联测 6 个大地控制点，新选 14 个。

工程项目方面，完成科研楼夹层地面环氧地坪漆涂刷；完成专业库房改造，安装科研楼夹层仓库隔断；完成餐厅及 1 号栋地板更换，1 号栋地面安装地暖；完成建筑综合维修、除锈刷漆工作，确保建筑设施安全。

运行保障方面，完成资产清查及物资整理，做到物资整齐规整，清单清晰可查；圆满完成考察队卸货任务；通过驳船运送到"雪龙 2"号废弃危化品及普通化学试剂共计 12 箱、报废资产和垃圾集装箱 11 个；完成生活、水电、通讯、医疗，机械各项常规保障任务；组织队员清理站区垃圾，并清运到垃圾集装箱，清理碧玉滩集装箱内外垃圾并带回站上处理。

企鹅繁殖监测　戴宇飞 / 摄

土壤采样 张 建/摄

无人机遥感测绘　　崔　铮 / 摄

实验室处理样品　　尹晓斐 / 摄

野外采样　　王荣辉 / 摄

站区集装箱归整　郭灿文 / 摄

综合楼屋顶维修　　王蒙光／摄

站区环保集体捡垃圾　　崔　铮／摄

科研楼地基加固施工　　魏　力／摄

碧玉滩避难所修复　　徐理鹏 / 摄

科研栋夹层清理与隔断安装工程　　王蒙光 / 摄

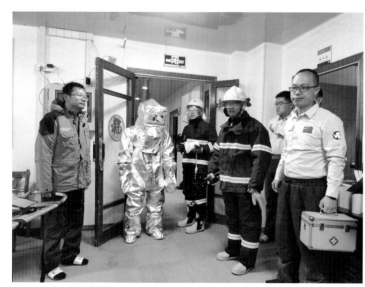

消防演习　　崔　铮 / 摄

魏　力 / 摄

珍珠白 · 中山明珠

中山站，我国南极考察的大本营。

东南极大陆上一颗耀眼的东方明珠。

乔　刚/摄

本次考察度夏期间，中山站有度夏队员 39 人，越冬队员 21 人；开展了 12 项科研项目（6 项业务观测类和 6 项自然科学类）、5 项度夏工程项目、3 项后勤项目和 4 项常规保障任务。另外，中山站还充分发挥内陆考察保障基地的作用，承担了包含泰山站队和固定翼飞机作业队共计约 120 名队员的工作和生活保障。

科学研究与业务化观测、监测工作方面，完成钠荧光多普勒激光雷达观测；完成相干多普勒测风、转动拉曼和瑞利 / 米散射激光雷达模块安装调试和系统优化；开展了气象和海冰、空间环境、大气化学、地磁和固体潮等多领域业务化观测；获极区电离层和极光观测数据；释放探空气球 52 个，成功率和发报准点率均达 100%；采集气溶胶膜样品 90 多个、100 多气瓶；完成海洋站建设实地调研；实施达尔克冰川 9 架次无人机观测，覆盖面积 91.7 平方千米；完成 1 个新重力点位的选址调研和 2 个重力点位共计 76 天的观测等。

度夏工程方面，新维修车库完成土建项目、外围护系统安装、室内装修、设备安装调试等工作；顺利完成蔬菜温室和连廊双层玻璃幕墙的安装工作；完成了集停机坪、工作区、储油区为一体的新建直升机停机坪项目，并对原停机坪进行升级改造；完成卫星接收中心位置场地和施工道路的平整修筑工作；完成度夏宿舍楼 40 套水暖管件的更换；完成激光雷达观测舱新扩建部位的拼装、内部装修和室外桥架工程，同步完成内部强电和弱电、接地线路、火灾报警系统的安装。

后勤项目方面，全面完成中山站库房改造、资产清查及物资整理工作；完成全覆盖、系统化的视频监控系统建设；继续开展站区环境整治工作，优化站区设备物资摆放，全面清理和集中处置存放全站垃圾；完成新发电栋 2 号发电机组的柴油机、3 台发电机组排烟管道、垃圾焚烧炉、污水处理系统、食品垃圾处理设备、综合楼污水管道的维修改造工作；维修改造全站火警报警联网系统，实现新维修库 25 个火警点、激光雷达观测栋火警系统与考察站火警主机联网；完成 400 吨站用燃油和生活食品等基本保障物资补给等。

极光雷达观测栋　　王　睿 / 摄

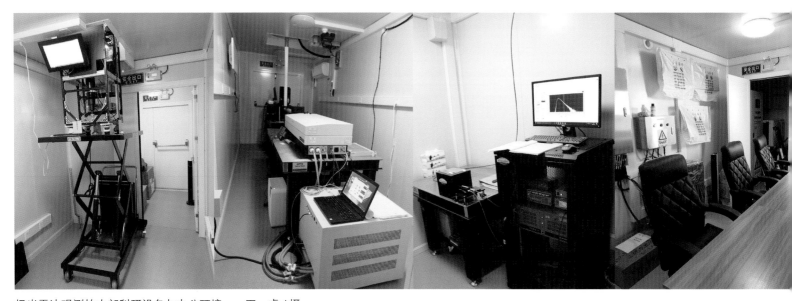

极光雷达观测栋内部科研设备与办公环境　　王　睿 / 摄

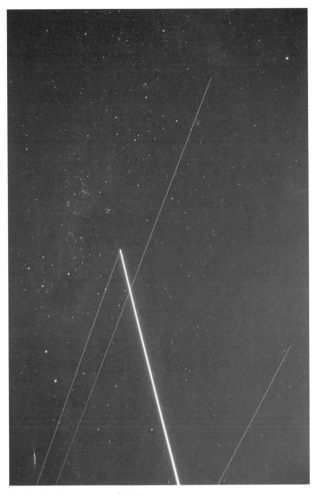

激光与极光　王　睿 / 摄

夜晚的激光雷达观测栋全景　李　航 / 摄

中山站周边地区无人机测绘　　刘旭颖 / 供图

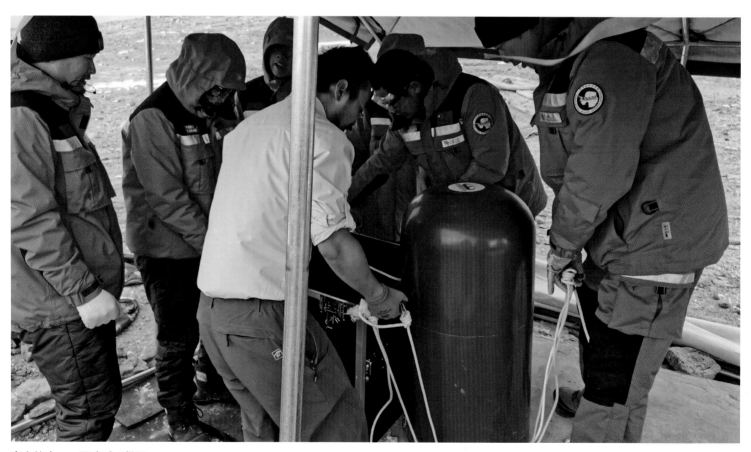

齐心协力　　粟多武 / 供图

冰雪表面光谱测量　　李　航 / 摄

释放探空气球　　买小平 / 供图

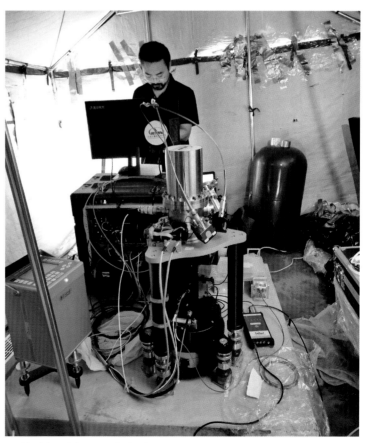

野外重力观测　　粟多武 / 供图

中山站新建停机坪　　曹　涛 / 供图

越冬楼与综合楼之间玻璃连廊工程　曹　涛／供图

车库维修间内景　曹　涛／供图

蔬菜温室工程　曹　涛／供图

中山站视频监控系统工程　　陈冠军／供图

发电机维护　黄楚红／供图

垃圾处理栋内部清理　王文晶／供图

冰雪白·巍巍泰山

"岱宗夫如何？……造化钟神秀，阴阳割昏晓。"

冰雪之间，唯有泰山。

任 山/摄

本次考察泰山站队共有 17 名队员，于 2019 年 12 月 10 日从中山站出发，2019 年 12 月 15 日抵达泰山站，2020 年 2 月 14 日泰山站队人员、设备安全顺利返回中山站。此次内陆考察共投入 7 辆雪地车，26 台雪橇，运输科考及后勤保障物资 300 余吨物资，历时 67 天，圆满完成各项工程建设项目及科学考察任务。

本次泰山站队科学项目 5 项，任务涉及空间物理、天文、遥感、冰川、医学监测等多个学科。部署了全年空间物理观测舱与天文观测舱，主要在南极极夜期间将开展空间碎片、极光和电离层等多方面的观测研究；浅层探冰雷达观测获取了内陆出发基地至泰山站和泰山站 9 个测块数据；完成泰山站区无人机正射影像及内陆行进轨迹及高度的精确测量；完成了内陆出发基地至泰山站沿途物质平衡标杆、表层雪温、密度、气温、浅雪芯及雪样等的测量和采样业务化项目；在泰山站进行连续 45 天雪冰挥发模拟实验和大气气溶胶采样；完成了冰盖高原极端环境对泰山站队员生理心理动态监测。

本次队泰山站队工程项目进入重要建设收尾环节。主要完成新能源系统建设任务，新建 2 台 5 千瓦风力发电机和 30 千瓦光伏模块，达到了 60 千瓦的设计装机容量，新能源微网系统成功实现了并网和孤网两种运行模式。完成泰山站无人值守系统建设任务，经测试无人值守系统具备平均 2 千瓦、峰值 3 千瓦的设计供电能力，为天文和空间物理全年观测提供稳定电源。

为保证泰山站安全顺利运行，此次对泰山站主楼和雪下能源栋各系统功能进行完善，设备系统各项功能逐一进行测试，所有系统联调联试测试运行正常。泰山站队 12 名队员于 2019 年 12 月 23 日正式入住，2020 年 2 月 8 撤离泰山站，安全运行 48 天。2 月 6 日中山站组织泰山站工程项目验收工作组前来进行验收，并逐一对各项系统进行验收。泰山站工程项目的验收和安全运行，标志着泰山站总体工程项目圆满完成。

后勤保障各项操作严格按照规章制度科学实施，考察期间保障了泰山站队正常运行，为此次内陆考察圆满完成奠定基础。全面进行固定资产盘点清查及内陆物资集中整理清点造册，整理车辆配件库房、生活及野外安全装备库房、专用工具库房分类清查清点，提高业务化管理水平。

抵达泰山站　　任　山/摄

风雪途中　　张少华/摄

出发吧！ 任 山／摄

泰山站第一钻　　任　山 / 摄

取出冰芯　　张少华 / 摄

雪面反照率测量　　张少华 / 摄

雪坑取样　任　山 / 摄

泰山站天文观测舱　　张少华／摄

泰山站大气湍流监测系统　　张少华／摄

大气视宁度测量望远镜调试　　任　山／摄

空间碎片监测望远镜架设　　任　山／摄

新能源系统风机吊装　　任　山／摄

安装温度链　任　山 / 摄

泰山站空间物理观测舱与极光成像仪　张少华 / 摄

人工拖曳冰雷达　　任　山／摄

泰山站无人值守电源　　任　山／摄

安装角反射器　　任　山／摄

光伏板安装　任　山/摄

运雪　任　山／摄

冰雪样品吊装　任　山／摄

白盔战士　任　山/摄

战雪　任　山 / 摄

雪地车履带下　任　山／摄

维修中的 CAT 雪地车　姚　旭／摄

返程图中维修雪橇　任　山／摄

检查车辆　任　山／摄

物资清点与整理　　姚　旭／摄

排队体检　　姚　旭／摄

正在擀面的大厨　　姚　旭／摄

风霜白·风雪新站

困苦难言，战风斗雪！

王哲超 / 摄

恩克斯堡岛新站建设队 21 名队员于 2020 年 1 月 1 日抵达，完成了站区机械车辆恢复以及发电舱、生活设施的恢复运转，完成 36 次队物资上站及 34 次、35 次队回国物资的装船工作，开展了 4 项科研项目，队员于 2 月 26 日全部安全撤离至"雪龙 2"号。

科研及业务观测方面，野外测绘工作组先后 30 余次执行野外测绘任务，基于北斗联测已有 12 个 GPS 大地控制点复测任务，获取双基准站连续运行共 816 小时的观测数据；完成 9 个 D 级 GNSS 大地控制点（像片控制点）的选点、埋设和观测任务；完成 20 个大地控制点的像片控制测量任务；使用背包钻机完成 18 个孔位的钻孔任务。

对海景湾和南湾地区进行了全面踏勘，查明并记录了现代及废弃企鹅巢的位置分布，采集企鹅粪土沉积剖面 14 个及环境端元样品若干。完成了 2 次阿德利企鹅和 5 次灰贼鸥种群调查；标记了 30 只阿德利企鹅并采集其血样；标记了 30 只灰贼鸥并录制其鸣叫声；录制了 10 个阿德利企鹅声音；进行了 1 次阿德利企鹅亲子识别实验；收集了 100 份来自阿德利企鹅尸体的肌肉样品。

完成企鹅形态学参数、地物光谱曲线和热红外现场测量，获得近千组数据；完成无人机载超高分辨率可见光遥感、热红外遥感和高光谱遥感；完成恩克斯堡岛典型水体水环境质量现场测量，获得多个湖泊和海域水环境质量数据，完成水体现场抽滤采样和计划内沉积物表层样、柱状样、粪土和新鲜粪便。

工程建设方面，完成大临设施所有项目竣工验收：大临设施建设始于 34 次队，经过三次队不断完善，所有设施设备均调试运行正常，本次队圆满完成收尾验收工作。利用站上闲置的现有材料，修建完成临时直升机停机坪，大大提高直升机在新站降落的安全性。完成站区布局优化调整，对机械配件集装箱、水电配件集装箱、生活物资集装箱、航空油罐以及卫生舱位置重新布置，开辟下降风主通道有效解决集装箱门口积雪封堵问题。完成规划码头区域近岸水深测量和水下影像资料获取，为后续码头建设提供基础资料；完成站区场地平整和临时道路整修；利用挖机破碎锤碎石和装载机转运方式填运规划码头区域；新建码头已初步具备驳船停靠卸货功能，撤站前利用新建码头完成 36 次队 3 个垃圾集装箱、3 个三联箱及全部勘探设备回运"雪龙"船作业。

采用钻孔与探坑相结合的勘察方式，计划钻孔 10 个进尺 80 米，实际完成钻孔 12 个，合计进尺 93 延米，钻孔范围覆盖新站规划主体建筑、后勤中心、新能源场地、卫星地面站和扩展地块，其中规划主体建筑区域的 7 个孔位均发现基岩；完成探坑 4 个，合计进尺 7.1 延米，总计完成勘察进尺 100.1 延米；完成了风力发电系统调试和试运行验证；完成了太阳能发电抗风结构的安装，在连续多天的大风最高风速 30 米 / 秒下验证了太阳能发电结构的稳定性和安全性；开展了液压劈裂机、化学膨胀剂的裸露基岩静态破碎试验和拟建新站主站位置区域 10 个采样点植筋拉拔试验；完成了从码头位置至主站位置大模块上岸路线的测绘。

作为恩克斯堡岛北部企鹅湾南极特别保护区（ASPA）设立的主要倡议国，在站队员自觉维护保护区规定的各项要求，在保护区规定许可的范围内开展各项科研项目，并将原来放置在保护区范围内的苹果屋转移至保护区范围外。

红苹果与绿苹果　　王哲超 / 摄

数企鹅　　金鑫淼 / 摄

保护区采样　　赵　鹏 / 摄

新站建设　　王永强 / 摄

新站海陆空　唐　正／摄

水泵维修　　金鑫淼 / 摄

环境保护清理垃圾　王哲超 / 摄

吊装航空油罐　金鑫淼 / 摄

转运物资集装箱　李 杰 / 摄

党旗飘扬 王哲超 / 摄

地勘数据记录　　王哲超 / 摄

风雪中的风力发电机　　李　杰 / 摄

背负风雪　　金鑫淼 / 摄

战风斗雪　钱豪佳 / 摄

Purple Light
and Shadow
紫色光影

李方腾 / 摄

紫色，高贵，典雅。

紫色，是自然界中最稀有的颜色，也是极致风光的颜色。

流光紫·极境风光

古人云："世之奇伟瑰怪非常之观，常在于险远，而人之所罕至焉。
故非有志者不能至也。"

破冰　　夏立民 / 摄

多彩南极　徐　韧/摄

冰峰　　丁锦锋 / 摄

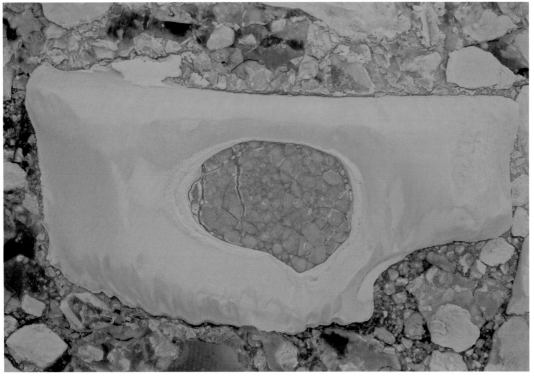

冰山　　崔祥斌 / 摄

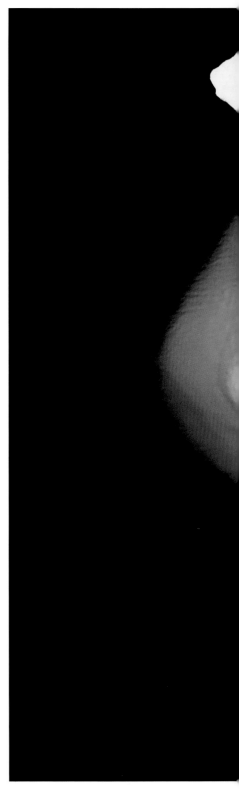

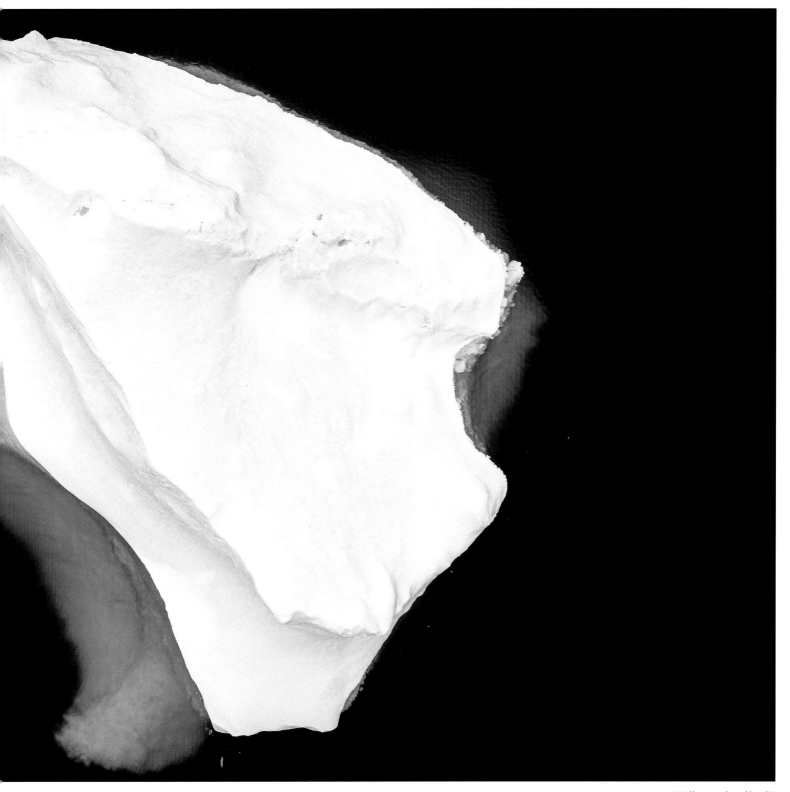

深蓝　李　航/摄

—— 南极雪山 何 锴／摄

拂晓阿蒙森 唐 正／摄

冰峰　夏立民 / 摄

"拉斯曼"之门　王文晶 / 摄

云影与冰山　刘旭颖 / 摄

蛋糕　李　航 / 摄

船舷冰影　李　航 / 摄

冰龙　　唐　正 / 摄

奶油千层　　王　易 / 摄

冰雪荷塘　　唐　正 / 摄

阿代尔角历史遗迹　王永强 / 摄

入夜　李　航 / 摄

影 任 山 / 摄

翼下冰原　李　航/摄

白夜行　李　航 / 摄

纯净　李　航 / 摄

夕阳、雾与冰山　李　航 / 摄

Wilkins 机场的南极圈标识　李　航 / 摄

极光下的喜悦　　李　航/摄

辉映　黄文涛/摄

中山站停机坪上空的极光全景　李　航 / 摄

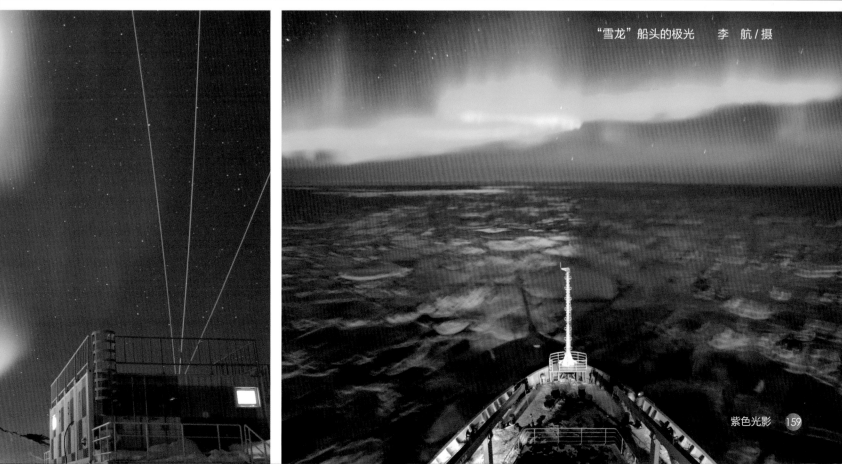

"雪龙"船头的极光　李　航 / 摄

灵动紫 · 万物共生

穷尽力气，在极端中绽放生命。

拉近镜头，一起感受生命跳动的温度。

夏立民 / 摄

水下魅影——南极小须鲸　妙　星 / 摄

倒影　李方腾 / 摄

雪中伴航　丁锦锋 / 摄

一大一小　丁锦锋 / 摄

帝企鹅打卡"雪龙"号　　何　锴/摄

海冰上的企鹅　　夏立民 / 摄

打个盹　　丁锦锋 / 摄

独行　　张舒怡 / 摄

神秘的脚印　　李　航／摄

游动　　丁锦锋／摄

孤独翱翔　丁锦锋 / 摄　　　　　　　　　　　　熊孩子——阿德利企鹅　妙　星 / 摄

抚育　赵亚明 / 摄

一家子　高　凯 / 摄

雪中起舞　丁锦锋 / 摄

迎客来　张舒怡 / 摄

家长里短　黄文涛 / 摄

舞——黄蹼洋海燕　妙 星 / 摄

展翅（一）　黄文涛／摄

展翅（二）　刘旭颖／摄

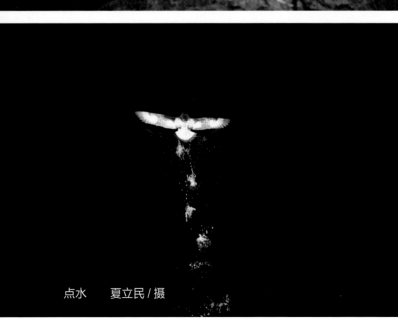

点水　夏立民／摄

冰山上的阿德利企鹅　李　航 / 摄

海豚群　张　伟/摄

思考人生 刘 阳/摄

跳水 高 凯/摄

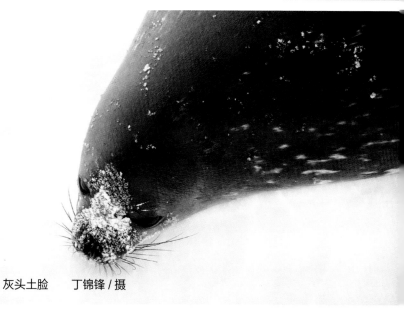

灰头土脸 丁锦锋/摄

远古时代　夏立民／摄

"雪龙"元宵猜灯谜　谌陈晨 / 摄

彩色，轻松，活泼。
紫色，是百花齐放的颜色。

我们笑，我们哭。

我们收获，我们付出。

"雪龙"号过赤道拔河比赛　谌陈晨 / 摄

雪龙人　　赵　宁／摄

顶天立地　　赵　羲／摄

专注 妙 星／摄

和双龙的合影　　程　堄/摄

冰上跑步　崔祥斌 / 摄

冰上探亲　赵　宁 / 摄

余晖　妙　星/摄

睡向极昼　李　航 / 摄

目　郝　彤 / 摄

我在世界尽头，见证我们的爱情

钢铁直男的浪漫　郝　彤／摄

Casey 站澳大利亚国庆日的烧烤　李　航／摄

孩子　李　航/摄

喜提物资　李　航/摄

莫斯科郊外的晚上　　粟多武 / 摄

自拍　粟多武 / 摄　　　　　　　　　　　　　舌尖上的"雪龙"号与新站　刘　阳 / 摄

套圈　妙　星 / 摄

唱响南极洲　何锴/摄

引吭高歌　赵亚明/摄

热情　何锴/摄

专业主持 何 锴 / 摄

本命年的祝福 赵 宁 / 摄

垃圾分类比赛 朱 兵 / 摄

春节发年货　赵　宁 / 摄

正式入驻泰山站　任　山 / 摄

迎新春，写春联　赵　宁 / 摄

球王争霸　何　锴 / 摄

忙里偷闲　　谌陈晨 / 摄

新年蛋糕　　赵　宁 / 摄

视野　李　航 / 摄

清理积雪　郝　彤 / 摄

配合　"雪龙2"号/供图

冰山与我们　李　航/摄

跳跃　"雪龙2"号／供图

一起织网　大洋队／供图

斑斓彩·队员大头照

考察就是我们。

我们就是考察。

■ 综合队

夏立民
临时党委书记
领队
国家海洋局极地考察办公室

徐世杰
临时党委书记
领队
国家海洋局极地考察办公室

徐韧
临时党委副书记
副领队
中国极地研究中心

魏福海
临时党委委员
副领队
中国极地研究中心

何剑锋
临时党委委员
"雪龙2"号首席科学家
中国极地研究中心

潘建明
临时党委委员
"雪龙"号首席科学家
自然资源部第二海洋研究所

万建华
临时党委委员、办公室主任
"雪龙2"号综合队队长
中国极地研究中心

梁高升
临时党委委员、"雪龙"号
综合队队长、直升机机长
中信海直股份有限责任公司

邵申
党办秘书
中国极地研究中心

谌陈晨
党办主任助理
中国极地研究中心

邵和宾
海洋科学
中国极地研究中心

陈君懿
新闻宣传
上海文化广播影视集团有限公司

陈锐
新船验证
中国船舶重工集团公司
第七〇一研究所

崔立刚
新闻宣传
五洲传媒有限公司

党超群
海洋科学
国家海洋技术中心

顾燕军
航行保障
江南造船（集团）有限
责任公司

桂江君
动力定位教练
中英海底系统有限公司

郭安博宇
气象保障
国家海洋环境预报中心

黄火生
航行保障
康士伯企业管理（上海）
有限公司

金来勇
航行保障
江南造船（集团）有限
责任公司

李东旭
地球物理学
自然资源部第二海洋
研究所

李虎林
机械工程
国家海洋技术中心

李　墨
船舶与海洋工程
国家海洋技术中心

梁津津
控制科学与工程
国家海洋技术中心

刘诗平
新闻宣传
新华社

马乔一
新船验证
中国船级社上海分社

门雅彬
海洋科学
国家海洋技术中心

强海飞
能力建设
中国极地研究中心

乔亚美
记者
中央电视台

王　斌
海洋科学
国家海洋技术中心

王庆凯
破冰验证
大连理工大学

吴　刚
新船验证
中国船舶工业集团公司
第七〇八研究所

肖兴海
航行保障
上海 ABB 工程有限公司

徐政华
航行保障
江南造船（集团）有限
责任公司

元建胜
航行保障
中国极地研究中心

张守文
气象保障
国家海洋环境预报中心

周文清
机械工程
国家海洋技术中心

左登胜
摄像
中央电视台

白东宇
航行保障
中国极地研究中心

蔡志武
航行保障
中国极地研究中心

丁锦锋
航行保障
中国极地研究中心

郭正东
航行保障
中国极地研究中心

何锴
新闻宣传
澎湃新闻

李方腾
气象保障
国家海洋环境预报中心

麦雄
卫星遥感
国家卫星海洋应用中心

苏光明
海洋科学
中国科学技术大学

吴林
安全督导员
中国极地研究中心

张芳
数据和质量管理
中国极地研究中心

张露
气象保障
国家海洋环境预报中心

赵宁
新闻宣传
中国海洋报社

陈相明
航行保障
交通运输部东海航海保障
中心

Pongpichit Chuanraksasat
国际合作
泰国国家天文研究所

Sami-Petri Saarinen
破冰验证
芬兰阿克北极有限公司

曹叔楠
"雪龙 2" 号大洋队队长
党支部书记
中国极地研究中心

陈志华
海洋科学
自然资源部第一海洋
研究所

郝锵
海洋科学
自然资源部第二海洋
研究所

赵 军
海洋科学
自然资源部第二海洋
研究所

沈中延
地球物理学
自然资源部第二海洋
研究所

陈 超
海洋科学
中国极地研究中心

陈 敏
海洋科学
厦门大学

祖永灿
海洋科学
自然资源部第一海洋
研究所

邓文洪
生物学
北京师范大学

冯 佶
海洋科学
自然资源部第三海洋
研究所

韩喜彬
海洋科学
自然资源部第二海洋
研究所

鞠 鹏
海洋科学
自然资源部第一海洋
研究所

李 栋
海洋科学
自然资源部第二海洋
研究所

牟剑锋
海洋科学
自然资源部第三海洋
研究所

牟文秀
海洋科学
中国科学院海洋研究所

孙永革
海洋科学
浙江大学

孙永明
海洋科学
中国海洋大学

唐 震
海洋科学
厦门大学

汪 岷
海洋科学
中国海洋大学

王 芳
海洋科学
自然资源部北海局北海
海洋技术保障中心

王湘芹
海洋科学
自然资源部第一海洋
研究所

王新良
渔业声学
中国水产科学研究院
黄海水产研究所

徐志强
海洋科学
中国科学院海洋研究所

许庆昌
捕捞学
中国水产科学研究院
黄海水产研究所

杨紫菲
海洋科学
厦门大学

叶振江
海洋科学
中国海洋大学

张　洁
生物学
中国科学院动物研究所

■ "雪龙"号 大洋队

罗光富
"雪龙"号大洋队队长
党支部书记
中国极地研究中心

王永强
海洋生态
中国科学院海洋研究所

唐 正
海洋地质
自然资源部第一海洋
研究所

郭桂军
物理海洋
自然资源部第一海洋
研究所

韩正兵
海洋化学
自然资源部第二海洋
研究所

高 飞
航行保障
中国极地研究中心

高 凯
海洋生态
北京师范大学

韩梅傲雪
海洋生态
中国海洋大学

何 烁
海洋生态
浙江大学

江 游
海洋化学
厦门大学

姜锦东
物理海洋
中国海洋大学

姜志斌
水下机器人
中国科学院沈阳自动
化研究所

李天一
物理海洋
自然资源部东海局宁波
海洋环境监测中心站

李云海
海洋地质
自然资源部第三海洋
研究所

刘 阳
海洋生态
中国海洋大学

妙 星
海洋生态
自然资源部第三海洋
研究所

孙 波
水下机器人
中国科学院沈阳自动化
研究所

王超锋
海洋生态
中国科学院海洋研究所

王 琨
物理海洋
中国海洋大学

王龙泉
大气环境
中国科学技术大学

王译鹤
海冰环境
浙江大学

王 易
海洋化学
厦门大学

汶建龙
航行保障
中国极地研究中心

夏 天
海洋化学
浙江大学

谢晓辉
物理海洋
自然资源部第二海洋
研究所

徐晓群
海洋化学
自然资源部第二海洋
研究所

晏茂军
海洋生态
上海交通大学

杨嘉樑
海洋生态
中国水产科学院东海
水产研究所

殷绍如
地球物理
自然资源部第二海洋
研究所

袁 园
地球物理
自然资源部第二海洋
研究所

张 偲
海洋化学
自然资源部第二海洋
研究所

张 弛
海洋生态
中国海洋大学

杨春梅
物理海洋
自然资源部第一海洋
研究所

张舒怡
海洋生态
自然资源部第三海洋
研究所

张远辉
海洋化学
自然资源部第三海洋
研究所

赵德荣
海洋化学
自然资源部第三海洋
研究所

赵 健
航行保障
中国极地研究中心

赵亚明
航行保障
中国极地研究中心

周冬生
物理海洋
国家海洋局南海调查
技术中心

固定翼 飞机队

祝　标
固定翼飞机作业队队长
党支部书记
中国极地研究中心

时小松
固定翼飞机作业队副队长
中国极地研究中心

郭井学
固定翼飞机作业队副队长
中国极地研究中心

崔祥斌
航空遥感
中国极地研究中心

曹聚亮
航空遥感
国防科技大学

傅　磊
航空遥感
南方科技大学

侯昌伟
航空保障
中国极地研究中心

李　航
航空遥感
中国极地研究中心

李　霖
航空遥感
中国极地研究中心

乔　刚
航空遥感
同济大学

温世强
设计调研
中国民航机场建设集团
有限公司

赵端然
航空保障
中国极地研究中心

赵　羲
航空遥感
武汉大学

孟照卫
航空保障
贵州鑫汇天力柴油机
成套有限公司

孟照卫
航空保障
中国极地研究中心

William Houghton
机组
Kenn Borek Air

Gary Andrist
机组
Kenn Borek Air

Allen Gibertson
机组
Kenn Borek Air

Roland Yarjau
机组
Kenn Borek Air

■ 泰山站队

姚 旭
泰山站队长
党支部书记
中国极地研究中心

沈守明
泰山站副队长
业务保障
中国极地研究中心

张少华
泰山站副队长
天文学
中国极地研究中心

方仕雄
工程建设
东南大学

郝 彤
冰川学
同济大学

李秋保
业务保障
中国极地研究中心

李 钊
工程建设
中国电子科技集团
公司第十八研究所

刘西陲
工程建设
东南大学

任 山
新闻宣传
上海话剧艺术中心
有限公司

粟 敢
业务保障
中国极地研究中心

王丹赫
冰川学
华东师范大学

王煜尘
冰川学
太原理工大学

吴昌德
医生
东南大学附属中大医院

邓加元
冰川学
中国极地研究中心

郑光恒
工程建设
天津蓝天太阳科技
有限公司

曾应根
业务保障
厦门厦工机械股份有限
公司

恩克斯堡岛新站

王哲超
恩克斯堡岛新站建设队
队长
党支部书记
中国极地研究中心

韩惠军
恩克斯堡岛新站建设队
副队长
黑龙江测绘地理信息局

李 杰
管理员兼通讯员
中国极地研究中心

陈 波
业务保障
广西柳工机械股份有限
公司

陈 功
业务监测
北京师范大学

陈勇军
业务保障
上海东航美心食品有限
公司

高月嵩
业务监测
中国科学技术大学

金鑫淼
业务保障
中国极地研究中心

胡 晴
工程建设
中铁建工集团有限公司

金继业
测绘遥感
国家海洋信息中心

刘羿辰
业务监测
北京师范大学

吕冬翔
工程建设
中国电子科技集团有限
公司第十八研究所

罗 坤
工程建设
中铁建工集团有限公司

马世斌
工程建设
中铁华铁工程设计集团
有限公司勘察设计院

钱豪佳
工程建设
上海振华重工（集团）
股份有限公司

乔建德
工程建设
中铁建工集团有限公司

唐 铸
测绘遥感
黑龙江测绘地理信息局

王宗琰
医生
海军军医大学第三附属医院
（东方肝胆外科医院）

张广军
工程建设
中铁华铁工程设计集团
有限公司勘察设计院

赵 鹏
业务监测
自然资源部第四海洋
研究所

■ 直升机
   作业队

迟晓杰
机长
中信海洋直升机股份
有限责任公司

舒大鹏
机长
中信海洋直升机股份
有限责任公司

刘海波
机长
中信海洋直升机股份
有限责任公司

梅国伦
机长
中信海洋直升机股份
有限责任公司

华伟龙
机长
中信海洋直升机股份
有限责任公司

马森鑫
机务
中信海洋直升机股份
有限责任公司

刘晓平
机务
中信海洋直升机股份
有限责任公司

曹伟民
机务
中信海洋直升机股份
有限责任公司

李 斌
机务
中信海洋直升机股份
有限责任公司

王成金
机务
中信海洋直升机股份
有限责任公司

陈巨池
机务
中信海洋直升机股份
有限责任公司

■ 中山站
度夏

陈 楠
资产清查
中国极地研究中心

曹 涛
工程建设
中铁建工集团有限公司

罗煌勋
度夏工程班班长
中铁建工集团有限公司

陈冠军
工程建设
中国联合网络通信有限公司
上海市分公司

陈祖伦
工程建设
中国联合网络通信有限公司
上海市分公司

侯建财
工程建设
中铁建工集团有限公司

胡 朗
工程建设
中铁建工集团有限公司

黄楚红
业务保障
中国极地研究中心

李 利
工程建设
中铁建工集团有限公司

刘 靓
工程建设
中铁建工集团有限公司

刘士栋
绝对重力基点建设
国家海洋标准计量中心

刘旭颖
测绘遥感
北京师范大学

陈凯生
工程建设
中铁建工集团有限公司

罗新勋
工程建设
中铁建工集团有限公司

马 康
工程建设
中铁建工集团有限公司

买小平
航空气象保障
国家海洋环境预报中心

孟 强
海洋站调研
国家海洋局南海调查
技术中心

粟多武
重力测量
中国计量科学研究院

孙春雨
工程建设
中铁建工集团有限公司

王 睿
激光雷达观测
中国极地研究中心

王　忠
工程建设
中铁建工集团有限公司

文东英
业务保障
中国极地研究中心

徐　森
工程建设
中铁建工集团有限公司

袁辉赞
工程建设
中铁建工集团有限公司

张国庆
工程建设
中铁建工集团有限公司

周建良
工程建设
中铁建工集团有限公司

周建新
工程建设
中铁建工集团有限公司

周实慧
工程建设
中铁建工集团有限公司

韩桂军
工程建设
中铁建工集团有限公司

中山站
越冬

汪大立
临时党委委员
中山站站长
中国极地研究中心

于旭鹏
党支部书记
后勤班班长
国家海洋局极地考察
办公室

牛牧野
站长助理
国家海洋局极地考察
办公室

孙晓宇
科考班班长
国家海洋环境预报中心

邹正定
水电班班长
中国极地研究中心

季凯杰
激光雷达观测
中国科学院武汉物理与
数学研究所

姜华
维修工
中国极地研究中心

李冰
发电机械师
贵州鑫汇天力柴油机成套
有限公司

李辉
激光雷达观测
山东省科学院海洋仪器
仪表研究所

令狐龙翔
极光观监测
西安电子科技大学

刘振松
车辆机械师
光机柳工机械股份有限公
司

秦冬雷
厨师
中国极地研究中心

秦忠豪
医生
上海市第十人民医院

陈文志
地磁、固体潮观测
中国科学院地质与地球
物理研究所

汤建国
水暖工
中国极地研究中心

王自锋
极光观监测
中国电子科技集团公司
第二十二研究所

王子华
通讯员
中国电波传播研究员

肖观清
车辆机械师
厦门厦工机械股份
有限公司

于贵强
电工
贵州鑫汇天力柴油机成套
有限公司

朱孔驹
气象观测
中国气象科学研究院

祝伟
气象观测
武汉经济技术开发区
（汉南区）气象局

曾昭亮
激光雷达观测
武汉大学

■ "雪龙"号船员

朱 兵
船长
中国极地研究中心

周豪杰
代理政委兼轮机长
中国极地研究中心

阮 飞
大副
上海中船海员管理
有限公司

程 觥
大管轮
中国极地研究中心

夏寅月
实验室主任
中国极地研究中心

缪 炜
事务主任
中国极地研究中心

谷龙成
二副
中国极地研究中心

祝鹏涛
三副
中国极地研究中心

刘少甲
机动驾驶员
中国极地研究中心

姜方权
网络通讯管理员
中国极地研究中心

刘 春
二管轮
青岛华洋海事服务
有限公司

孙云飞
三管轮
中国极地研究中心

冯明波
机动轮机员
南通航运职业技术学院

张晨阳
代理系统工程师
中国极地研究中心

丁 峰
助理系统工程师
中国极地研究中心

钱 浩
实习网工兼服务员
中国极地研究中心

廖周鑫
实验师
中国极地研究中心

潘礼锋
水手长
中国极地研究中心

何 群
木匠
中国极地研究中心

潘文刚
水手
中国极地研究中心

陆沈辉
水手
中国极地研究中心

王锦金
水手
中国极地研究中心

盛 华
水手
中国极地研究中心

赵习刚
水手
中国极地研究中心

张　伟
水手
中国极地研究中心

郑培良
机匠长
中国极地研究中心

丁佳伟
代理副机匠长
中国极地研究中心

李业小
机工
中国极地研究中心

王彩军
机工
中国极地研究中心

王明辉
机工
中国极地研究中心

曹　晟
机工
中国极地研究中心

宋朝阳
机工
中国极地研究中心

柳　杰
机工
青岛华洋海事服务
有限公司

王明会
厨师长
中国极地研究中心

张德余
厨师
中国极地研究中心

向勇涛
厨师
中国极地研究中心

王　飞
厨师
中国极地研究中心

王　政
厨师
中国极地研究中心

张方根
服务员
中国极地研究中心

李东辉
服务员
中国极地研究中心

周　畅
服务员
中国极地研究中心

张俊峰
船医
北京丰台医院

■ "雪龙 2" 号船员

赵炎平
临时党委委员
"雪龙 2" 号船长、领队助理
中国极地研究中心

黄 嵘
代理政委兼轮机长
中国极地研究中心

张旭德
大副
中国极地研究中心

陈冬林
二副
中国极地研究中心

乔守状
三副
中国极地研究中心

周建文
机动驾驶员
集美大学

苏 显
实习三副
中国极地研究中心

许 浩
水手长
中国极地研究中心

王 强
木匠
中国极地研究中心

付耀奎
水手
中国极地研究中心

施 健
水手
中国极地研究中心

耿 东
水手
中国极地研究中心

王 彪
水手
中国极地研究中心

凌 福
水手
青岛华洋海事服务
有限公司

张堪升
厨师长
中国极地研究中心

郑善明
厨师
北京丰台医院

陈国锐
厨师
中国极地研究中心

孙天志
厨师
中国极地研究中心

张於祥
服务员
中国极地研究中心

徐 超
服务员
中国极地研究中心

李宜清
服务员
中国极地研究中心

楼 飞
系统工程员
中国极地研究中心

陈晓东
大管轮
中国极地研究中心

郭青云
二管轮
中国极地研究中心

祖成弟
三管轮
中国极地研究中心

薛明锁
机动轮机员
上海海事大学

方 平
机匠长
中国极地研究中心

陈相来
副机匠长
南通航运职业技术学院

陈峰孚
机工
中国极地研究中心

孙 静
机工
中国极地研究中心

王富忠
机工
中国极地研究中心

管 鑫
机工
中国极地研究中心

姜国荣
代理系统工程师
青岛华洋海事服务
有限公司

唐兴文
助理系统工程师
中国极地研究中心

王林浩
实习助理系统工程师
中国极地研究中心

陈清满
代理实验主任
中国极地研究中心

沈 悦
实验员
中国极地研究中心

魏义品
实习实验员
中国极地研究中心

朱秋实
实习实验员
中国极地研究中心

郝俊杰
医生
上海市东方医院

■ 长城站
度夏

邵　晖
临时党委委员
长城站常任站长
中国极地研究中心

沈竹林
高分地面站建设
发改委高技术产业司

陈　力
社会科学
复旦大学

陈书燕
生物学
兰州大学

陈相材
地球物理学
中国极地研究中心

戴宇飞
生物学
自然资源部第三海洋
研究所

邓贝西
社会科学
中国极地研究中心

邓春梅
环境科学与工程
国家海洋局北海分局

高况运
业务保障
中国极地研究中心

郭灿文
测绘遥感
国家海洋信息中心

郝云玲
旅游管理
国家海洋局极地考察
办公室

胡泽俊
地球物理学
中国极地研究中心

黄海波
海洋科学
自然资源部第四海洋
研究所

矫立萍
大气科学
自然资源部第三海洋
研究所

孔德水
站勤
中国极地研究中心

李文俊
地理学
中国极地研究中心

李学峰
社会科学
国家海洋技术中心

李杨杰
海洋科学
自然资源部第二海洋
研究所

林文翰
药学
北京大学

林香红
社会科学
国家海洋信息中心

刘大海
社会科学
自然资源部第一海洋
研究所

刘　宇
生物学
北京师范大学

刘沼辉
测绘科学与技术
黑龙江测绘地理信息局

柳汶秀
旅游管理
国家海洋局极地考察
办公室

曾胤新
生物学
中国极地研究中心

苏世源
生物学
中国极地研究中心

孙博文
环境科学与工程
中国科学技术大学

王志勇
海洋科学
国家海洋局北海预报中心

韦勇豪
车辆机械师
广西柳工机械股份有限
公司

魏　学
高分地面站建设
财政部国防司

吴智超
生物学
上海海洋大学

肖　洒
生物学
兰州大学

尹晓斐
生物学
自然资源部第一海洋
研究所

张　冬
业务支撑
贵州鑫汇天力柴油机
成套有限公司

张科伟
度夏厨师
武汉商学院

张　沛
社会科学
上海国际问题研究院

郑　立
环境科学与工程
自然资源部第一海洋
研究所

周景武
业务支撑
中国极地研究中心

■ **长城站**
越冬

丁海涛
长城站站长
中国极地研究中心

王蒙光
党支部书记
中国极地研究中心

魏 力
站长助理
中国极地研究中心

王荣辉
后勤班班长
厦门厦工机械股份有限
公司

班光云
水电班班长
贵州鑫汇天力柴油机成套
有限公司

张万磊
科考班班长
国家海洋局秦皇岛海洋
环境监测中心站

段国宝
业务支撑
自然资源部机关服务局

罗斌祥
大气科学
黑龙江省气象局

崔 铮
业务支撑
中国电波传播研究所

胡 淼
医生
上海市东方医院

徐理鹏
业务支撑
中国极地研究中心

廖劲松
业务支撑
贵州鑫汇天力柴油机
成套有限公司

张在东
业务支撑
贵州鑫汇天力柴油机
成套有限公司

张 建
业务支撑
中国极地研究中心

■ **35 次队**
中山站
越冬

胡红桥
站长
中国极地研究中心

杨天赐
管理员
中国极地研究中心

曾应根
业务支撑
厦门厦工机械股份
有限公司

陈 波
业务支撑
广西柳工机械股份
有限公司

范宇航
业务支撑
贵州鑫汇天力柴油机
成套有限公司

方 正
业务支撑
中国极地研究中心

黄文涛
激光雷达观测
中国极地研究中心

李 冰
空间物理
武汉大学

李顶文
厨师
中国极地研究中心

李文波
气象观测
湖北省荆州市气象局

李志刚
报务员
中国电子科技集团公司
第二十二研究所

赵 福
海冰观测
国家海洋环境预报中心

王俊杰
气象观测
山西省五台山气象站

王文晶
业务支撑
中国极地研究中心

姚淑涛
空间物理
山东大学（威海）

张 锋
激光雷达观测
山东省科学院海洋仪器
仪表研究所

张 瑞
业务支撑
贵州鑫汇天力柴油机
成套有限公司

张志刚
医生
大连医科大学附属
第一医院

■ 35 次队
长城站
越冬

刘雷保
站长
中国极地研究中心

田文佳
管理员
中国极地研究中心

戴涛
业务支撑
武汉商学院

干兆江
气象观测
沂源县气象局

郭民权
气象观测
福建省海洋预报台

潘玉伦
业务支撑
贵州鑫汇天力柴油机
成套有限公司

宋世杰
业务支撑
广西柳工机械股份
有限公司

王罡
业务支撑
中国电子科技集团公司
第二十二研究所

韦勇豪
业务支撑
广西柳工机械股份
有限公司

吴建生
业务支撑
中国极地研究中心

谢平
医生
江西省南丰县人民医院

张冬
业务支撑
贵州鑫汇天力柴油机
成套有限公司

周景武
业务支撑
中国极地研究中心

■ 能力
调研团

翁立新
南极能力建设调研
国家海洋局极地考察
办公室

张体军
南极能力建设调研
中国极地研究中心

韩兴军
航空运输调研
中国民用航空局

谢春华
通讯调研
国家卫星海洋应用中心

吴玉和
南极能力建设调研
国家发展改革委投资司

付耕洋
南极能力建设调研
自然资源部财务与
资金运用司

凡科军
南极能力建设调研
财政部自然资源与
生态环境司

刘国强
航空运输调研
中飞通用航空有限责任
公司

■ 工作组

刘顺林
党委书记、副主任
中国极地研究中心

吴 健
"雪龙"副政委
中国极地研究中心

李明才
船舶高级钳工
江南造船（集团）有限
责任公司

徐昶川
高级工程师
江南造船（集团）有限
责任公司

郭继新
船长
上海打捞局

彭继荣
水手长
上海打捞局